U0272615

造宅记

房子变美的技巧

走进15个让你怦然心动的家

蘧柯　编著

机械工业出版社
CHINA MACHINE PRESS

本书精选15个家装案例，针对7大生活空间，汇集124个设计灵感，为有改善居住环境的需求者提供家居设计和装饰上的创意参考。从大的布局设计到每个角落的装饰细节，在空间的布局、风格的诠释、家具的选择、挂画的位置、留白的比例、软装和色彩的搭配等方面详细剖析一个普通的家通过什么样的手段可以变美变漂亮，以及如何将自己的家打造成喜欢的样子，为它赋予独一无二的个性。本书适合广大家装业主，室内设计师和室内设计爱好者，在充满个性的家居设计中，找到你的理想家。

图书在版编目（CIP）数据

房子变美的技巧：走进15个让你怦然心动的家 / 蒋柯编著.
—北京：机械工业出版社，2019.9
（造宅记）
ISBN 978-7-111-63247-4

Ⅰ.①房… Ⅱ.①蒋… Ⅲ.①住宅-室内装饰设计 Ⅳ.①TU241

中国版本图书馆CIP数据核字（2019）第146870号

机械工业出版社（北京市百万庄大街22号　邮政编码100037）
策划编辑：时　颂　责任编辑：时　颂
责任校对：炊小云　封面设计：鞠　杨
责任印制：孙　炜
北京联兴盛业印刷股份有限公司印刷

2019年8月第1版第1次印刷
184mm×260mm · 10印张 · 2插页 · 164千字
标准书号：ISBN 978-7-111-63247-4
定价：59.00元

电话服务　　　　　　　　　网络服务
客服电话：010-88361066　　机 工 官 网：www.cmpbook.com
　　　　　010-88379833　　机 工 官 博：weibo.com/cmp1952
　　　　　010-68326294　　金 书 网：www.golden-book.com
封底无防伪标均为盗版　机工教育服务网：www.cmpedu.com

前　言

　　一个家的美丑会对住在里面的人产生什么影响呢？住在一个漂亮美好的家每天都像在度假，无论是在客厅与全家人共处，还是在厨房烹调美食，欣赏到的都是无死角的美，那种因为身在漂亮的家中而时刻获得的愉悦感是非常特别的，生活中的柴米油盐没有让你变得平凡琐碎，而是让生活愈发有魅力。生活的仪式感有多重要，一个家的颜值就有多重要。

　　人人都想拥有更加舒适的居住环境，都对家寄予厚望，也希望设计师能像变魔术一样把自己的家变成第一眼就让人惊艳的完美居住空间。"造宅记"系列丛书就是为了满足人们对于空间改造、软装搭配、家居美学的个性化追求，重点讲解空间设计、细部设计、装饰亮点，有平面图、轴测图、实景照片等帮助读者认识房间的结构，同时融入了业主故事、设计理念、生活态度，是一套打造完美家居空间的设计指南。丛书共分四册，分别是《造宅记——建筑师的理想家》《小户型的秘密——30~90m² 的理想家》《颜值和实用性并存的家——北欧风和日式养成记》《房子变美的技巧——走进 15 个让你怦然心动的家》。

　　本书精选 15 个不同风格和美感的家装案例，针对 7 大生活空间，汇集 124 个设计灵感，为有改善居住环境的需求者提供家居设计和装饰上的创意参考。从大的布局设计到每个角落的装饰细节，在空间的布局、风格的诠释、家具的选择、挂画的位置、留白的比例、软装和色彩的搭配等方面详细剖析一个普通的家通过什么样的手段可以变美变漂亮，以及如何将自己的家打造成喜欢的样子，为它赋予独一无二的个性。

　　美有很多种，但总会有一款会让你怦然心动。愿你的家有烟火与诗歌，飘向天空和远方。

编者

CONTENTS

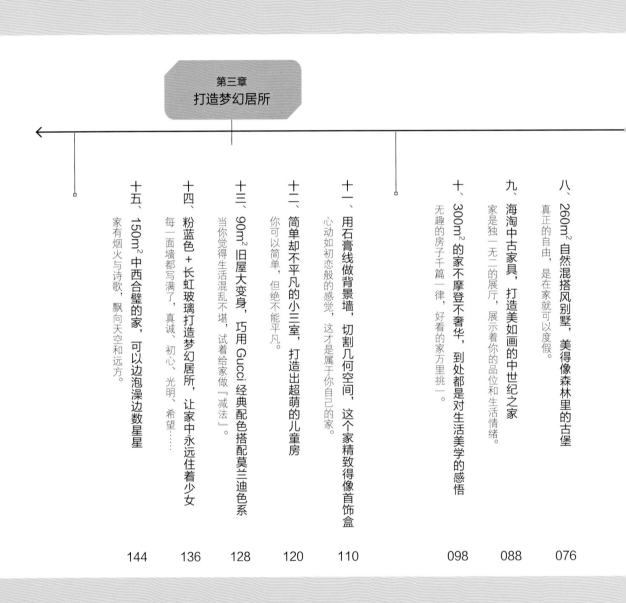

第三章
打造梦幻居所

目　录

PART *1*

第一章

打造时尚小窝

有一个丰富多彩的家很幸福，好看的颜色能治愈一切不开心。

一、大胆使用鲜艳色彩和线条，打造超前卫"孟菲斯"风

设计说明：

很多时候我们希望自己的家与众不同，可是又不愿太过冒险，比如运用亮丽的颜色造成视觉的冲击力。这个100m²的家是让人看一眼就忘不掉的家。为了给孩子打造一个愉悦的成长空间，设计师应用"孟菲斯"的设计理念——使用鲜艳的色彩、打破常规的线条结构、大胆运用几何构成，赋予了这个家新的空间形式和生命。

一层空间都是公共区域，客厅、餐厅、厨房、卫生间，动线清晰流畅；二层主要是卧室、书房等比较安静的区域，每个房间都有独立采光。楼上楼下完美的动静分区让这间房子实用性更强。

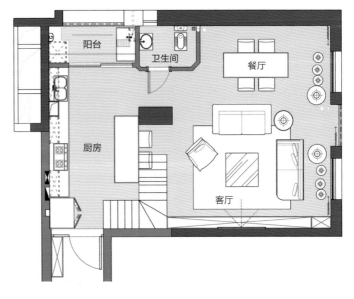

一层平面图

二层平面图

户型：3室2厅2卫
面积：100m²
风格：混搭风
设计：双宝设计

客厅

1 灰色 + 粉色营造柔和氛围

开放式的区域是使用率比较高的地方，所以它的舒适度并不应该比卧室差多少。客厅选用灰色 + 粉色，营造出甜美、柔和的氛围，让人回家就可以放下一切戒备完全放松。狗腿凳和陀螺椅也是为了增加趣味性，圆形和方形茶几组合更加灵活，可以根据需要随时拿走一个做边几。

厨房

○ 巧用楼梯下方空间 ○

厨房的位置就在客厅一侧，采用开放式布局是为了更好地利用空间。楼梯下方空间设计了一个储物间和一个餐边柜，为厨房增添了很多储物空间，玻璃材质的楼梯增加了空间的通透感。

○ 无柜门吊柜

白色台面搭配木色柜子让厨房有一种温馨宁静的感觉。白色格子墙砖上放置了几个长挂钩，灵活实用。最与众不同的地方就是上方的吊柜采用了无柜门的形式，一是方便取放物品，二是在背板镜面的映照下空间会显得更大。

○ 多功能"变异"吧台

厨房里一抹亮丽的茜红色极大丰富了空间色彩。这张不规则的桌子打破传统吧台结构，增加了很多功能。早上在此用早餐会更加便捷，平日里做一些丰盛的食物时，这里还可以充当开放式厨房岛台。

餐厅

撞色条纹背景墙

5

餐厅墙面上大胆选择了撞色条纹组合，使其成为整个空间的亮点，这种高调却丝毫不夸张的设计为餐厅锦上添花。饱和度很高的蓝色与柔和的粉色分别代表了男性的冷静和女性的细腻，中间重叠的图案则代表新生命的诞生。

打破传统设计的餐桌

一张旧的餐桌被大理石纹路的印花桌布赋予新的表达形式。餐桌上面的装饰搭配也艺术感十足，装饰性极强，色调温暖而丰富。此处设计在波普艺术、东方艺术等艺术形式中汲取了很多灵感。

7

利用床边每一寸空间

床边的空间更为自由一些。一把亮黄色的椅子点亮空间却不突兀，与整间房子的色彩主题呼应，这里可以变身一个读书角或暂时休憩的地方，而放置一个小型长桌又会变身成一个迷你书房。

自制"帽子吊灯"

次卧空间色彩搭配和主卧相同，其中最有趣的设计就是利用旧物做的一盏床头"帽子吊灯"。将帽子的顶部剪开，穿过黑色吊线，然后固定好，你也可以拥有一盏"帽子吊灯"。

主卧

主卧拥有良好的采光，整体风格和楼下截然不同，主要用了北欧风灰白色系的设计。休息的空间更需要回归宁静与自然，过于刺激的色彩会影响人的睡眠状态，而简单的色彩则会促进人高质量的睡眠。

8

次卧

书房

儿童房

儿童房的主色调是柔和的粉色调，背景墙用了蓝粉色黑白条纹搭配，使整个房子的风格更加统一。毛绒的配饰可以给予小朋友温柔的呵护，伴随着孩子的不断成长，室内的配饰可以更换，房间的风格也可随时改变。

9

混色拼接几何墙面

书房的位置位于楼梯间的拐角处，是半开放式的空间，墙面混色拼接的集合图案能随时给主人带来创作的灵感，还能缓解工作的疲劳感。

一楼卫生间用了清新的薄荷绿搭配半墙白色格子砖，在设计上更加新颖且有延伸感。梯子置物架非常节省空间，还方便移动，最重要的是美观。

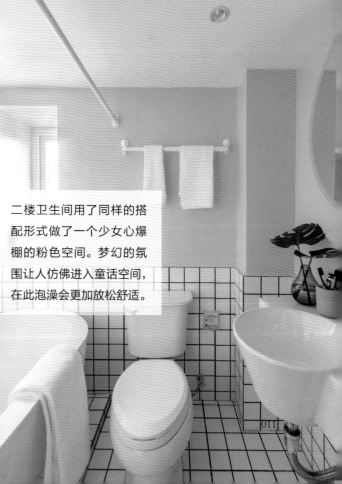

二楼卫生间用了同样的搭配形式做了一个少女心爆棚的粉色空间。梦幻的氛围让人仿佛进入童话空间，在此泡澡会更加放松舒适。

没有人可以轻视生活的艺术。

二、怪异阁楼变身居家小三层，美得像艺术画廊

户　　型：5 室 2 厅 4 卫
面　　积：135m²
风　　格：现代简约
设计师：金选民、金翔

这是一座结构比较怪异的 2 层复式阁楼，最高处离地 8.2m，最低处高只有 2m 多，室内凹凸的墙面非常多，顶部建筑结构凌乱，如果不进行精细的设计，会造成非常大的空间浪费。

这个怪异的房子经过设计装修后，不但在结构上有了让人惊喜的变化，室内的软装美学更是达到了很高的层次。原有位置的楼梯拆除后，整个房子变身 3 层，拥有了更多居住休闲空间。

整个空间的色彩搭配简约又具有活力，屋内的挂画集装饰功能与美学欣赏于一体，整个家美得像一个艺术画廊。

一层平面图

二层平面图

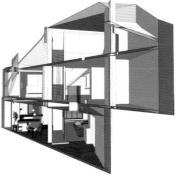

内部结构图

客厅

10

以块面为元素的客厅

客厅以块面为元素搭配，非常简约时尚。屋顶没有任何多余的装饰，室内也没有充斥过多的造型和线条。卡其色地毯与暖灰色的沙发淡雅温馨，细脚茶几轻盈实用，电视机墙亦是没有任何装饰，一点点绿色植物给这片空间带来生机。

11

红色玻璃隔断

这个家中的色彩和软装搭配很显高级，整个空间基调为白色，红色的玻璃隔断是这个房子的主要色彩元素。客厅的装饰画像一道炫丽的彩虹，把整间屋子的活力都调动了起来。

12

白灰块面背景墙

沙发背景墙抛弃传统形式，用白色和深灰色块面组合，个性十足。白色块和其中的装饰画搭配，仿佛一幅画中画。

餐厨区

红色的玻璃隔断将餐厅与客厅一分为二，两处空间既独立又紧密相连。

餐桌以白色为主色调，黑色简约的吊灯和黑色椅子遥相呼应，简单的黑白搭配舒适又高级。

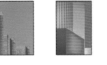

13

全屋同色系挂画

同一色系的挂画分布各处，良好的采光优势让这些色彩元素更显精致。

和厨房连接的餐桌

半开放式的厨房可以更好利用空间，小小的厨房不再闭塞，U 形操作台让操作更便捷。黑色的操作台面和餐桌连为一个整体，既节省空间，也使动线流畅合理。

14

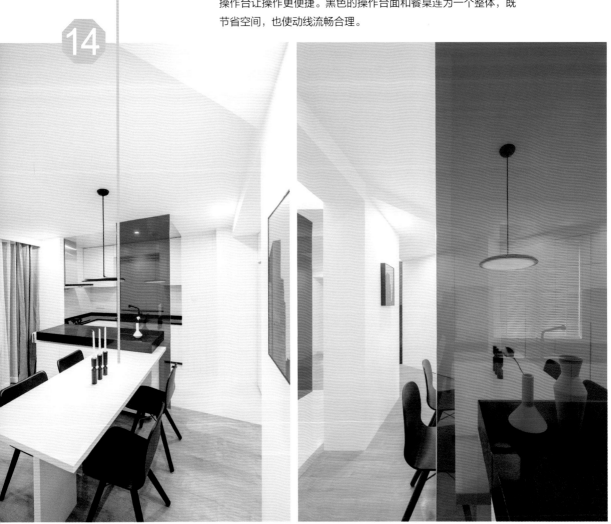

主卧

一层的主卧简约明亮，抽象的挂画增加了空间的现代感，柔和的壁灯和隐藏灯带让卧室更加温馨柔和。卫生间全透明设计非常大胆，增添了生活情趣。

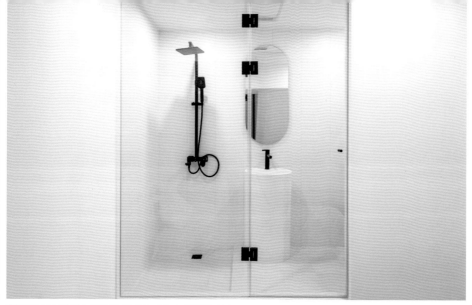

天井

15

<blockquote>

连接所有空间的
"天井"

"天井"的设计像一个中枢，让各个小空间既独立又有联系。屋内共有两处"天井"，一处是一层穿二层，另一处则是从一层直达三层顶部，8.2m的挑空设计让空间刺激有趣。圆环形状的吊灯极富设计感。

</blockquote>

一层至二层的楼梯

一层通往二层的楼梯依然充满设计感，白墙、红色玻璃栏杆、黑色钢板折成的踏步相结合，延用整个空间的主色调搭配。黑白红组合到二层时变身成白色，预示着二楼色调搭配的变化。

二层拥有一个书房、一个储藏室和两个卧室，每个房间的非直角处都被改成直角，解除了之前因为怪异造型带来的压抑和束缚。书房空间较大，但是因为屋顶的造型与层高限制，并没有放置常规沙发，而是用一个南瓜状的懒人沙发代替。白色的超长工作台可容纳多人办公。

二层的两个卧室都各自带有独立卫生间，让生活起居更加方便。柜子和书桌都"隐藏"在白色空间中，显得通透又宽敞。

一个天窗照亮多个空间

屋顶的天窗是经过严格的角度和尺寸测算做成的，天窗的光源同时可以照亮一层天井、二层书房与过道和三层休闲区。

16

二层至三层的楼梯

二层通往三层的楼梯整体都是白色，纯
净的像从来没有沾染过尘埃一般，向上
走的时候会愈发感到安静纯粹。

17

横梁错乱空间的变身

三层设计了一个娱乐休闲的空间和两个储藏室。墙面凌乱的造型被重新调整后，整体的设计感和美感倍增，在这个空间看书、冥想再合适不过。通过阁楼的玻璃围栏可以看到二楼的书房，互通的空间增加采光，还可以进行互动。

023

三、美式中式混搭，这个120m²的家美得很霸道

如果你的家是一座城堡，那你回到家就是女王。

| 户型：3室2厅1卫 |
| 面积：120m² |
| 风格：美式中式混搭 |
| 设计：五明原创家居设计 |

设计说明：

这是一个120m²美式中式混搭风格的家。女主人喜欢明亮的色彩，喜欢风格明显只属于自己的家，两种风格的碰撞得到了意外的惊喜。巧妙的用色、艺术又活泼的氛围让这个家个性十足。房子原格局比较方正，但是缺少足够的储物空间，卫生间的墙体位置被调整后，主卧多出一整排的大衣柜，满足了女主人对衣服的储物需求。儿童房的位置调整后避开了与卫生间相对的问题。家里的家具都是女主人和设计师亲自淘回来的，每一件都倾注了很多心思。最终这个家不负所望，美得非常霸道，仿佛回到家中就会立刻变身女王。

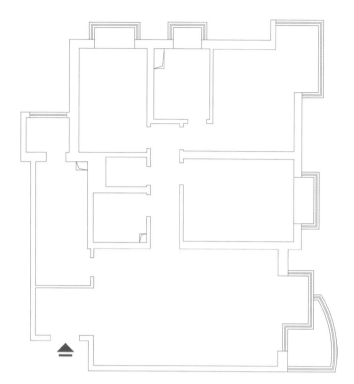

原始户型图

平面设计图

客厅

客厅整体颜色搭配非常大胆，天蓝色的茶几搭配亮黄色的沙发和粉色的单人椅子，听起来很混乱，但因为颜色亮而不闪，搭配起来优雅不俗。沙发背景墙的装饰石膏线条延伸到了餐厅区域。定制款的深蓝色＋金色吊灯让卧室更加精致。

18

旅行箱边柜

沙发旁有一个好似旅行箱的物件，它其实是有两个抽屉、超能收纳的边柜，放置在此处个性十足，成为一件装饰品。

19

王妃椅提升空间品质

客厅放置的王妃椅造型优雅，丝绒的材质细腻有品质，粉色不妖不艳，沙发背上还有一顶小王冠。精美的王妃椅让女主人真的体验到回家做女王的感觉。

梯子造型的穿衣镜

这个房间的每件物件都是被精心挑选过的。我们见过很多梯子置物架，但是梯子形状的穿衣镜却很少有人用，它造型别致，装饰感很强。

20

中式老木柜

单独看显得很破旧的中式老木柜，放在这片空间却分外合适。蓝色斑驳的外表有着岁月沉淀的痕迹，充满古典的味道。

21

阳台

封闭外露阳台

原始外露的阳台封闭后内扩到客厅空间，增加了客厅面积的同时也让室内采光更加直接充足。此处空间被设计成了喝茶、看书的休闲空间，非常闲适。

厨房

厨房用了白色柜子搭配灰色地砖和墙砖，让空间的狭长感在视觉上得以缓解。内嵌的烤箱满足了女主人的烘焙爱好，两面墙的储物空间收纳功能非常强大。

23

餐厅

绿色餐椅打造别样餐厅

餐厅就在客厅的一侧，复古的餐桌餐椅因为有绿色做配色非常亮眼，和空间整体色调也很和谐，效果非常惊艳。夜晚在灯光的映衬下，仿佛置身神秘的古堡。

24

25

1m² 化妆区

卧室灰蓝色的墙面烘托出静谧的氛围，提升了睡眠质量。优雅的化妆台和女王座椅搭配圆形镜子和两盏壁灯，形成了1m²化妆区。

提升幸福感的休闲椅

造型别致的休闲单人椅极具设计感，坐在上面享受阳光、舒缓压力是最好不过的。随时看到内心都会无比欢喜。

主卧

书房

书房做成了榻榻米卧室，同时兼具卧房的功能，明黄色的窗帘增加了睡眠空间的私密性，装饰感也很强。

儿童房

儿童房对颜色的使用更加大胆，蓝色的墙面搭配西瓜红色的抱枕，色彩饱满而不夺目。

卫生间

墙地一体砖

卫生间安装了一个大浴缸，能够优雅地在家泡澡是很多人的梦想。通体白色的空间非常干净，墙地一体砖让空间更具整体感。

四、精装房大改造，240m^2 的家美得独一无二

自由的人生，从家开始。

户型：3室2厅1卫	
面积：240m²	
风格：混搭	
设计：五明原创家居设计	

设计说明：

这是一个240m²的家，虽然是精装房，但屋主依然想改造成自己喜欢的样子，这样住起来才舒服。女儿是海底摄影师，母亲开明有气质，她们对新家有自己的追求理念，精装房也不能限制风格的发挥。

一层设计成了妈妈喜欢的北欧风，二层则设计成女儿喜欢的黑白极简风。原始格局也优化了很多地方：设置了独立的玄关；增加了厨房的功能；利用楼梯下方空间打破常规储物方式，做了储物空间和电视背景墙；卧室和书房对调满足屋主生活习惯；屋顶露台做了对内开放、对外封闭的设计，保证了私密性的同时也更显休闲。

一层平面图

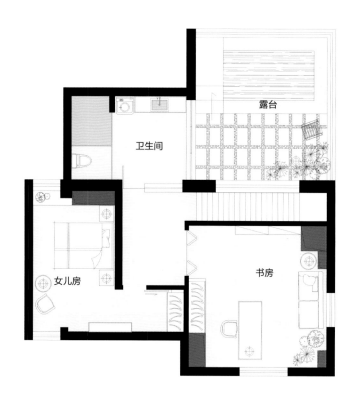

二层平面图

玄关

27
借用厨房空间做玄关

原户型是没有玄关的，进门就是厨房。设计师经过改造借用厨房空间打造了玄关。玄关组合柜功能强大，不仅实用而且美观。玻璃隔断让空间视野更加开阔。

28
鞋柜内嵌花盆

花盆嵌入鞋柜凹槽中，植物像是从柜子里面长出来的一样，非常有创意。

餐厅旁的背景墙艺术感十足，云卷云舒的画面让人仿佛置身室外，自由奔放。餐桌由木制板子搭配黑色桌腿，简约大方。带有灯罩的吊灯让餐厅区域的光线更加柔和。

改造后的厨房增加了操作台，绿色的橱柜搭配白色的台面简约时尚。冰箱和各种厨房电器都做了内嵌，看起来非常具有整体性。餐厨区的地砖与客厅的木地板衔接，间接做了空间分隔。

客厅

整个客厅配色大胆，但效果却非常沉稳，轻奢型北欧风的设计是妈妈的最爱。三角形纹样的地毯自由随意，金属、丝绒、皮革、玻璃等材质相互碰撞融合，让空间层次更加丰富。大面积的落地窗给客厅带来良好采光，轻透的白纱帘让室内的光线更加柔和。

 29

○—● 提升空间品质的沙发

虽然客厅整体空间简约素雅，但墨绿色丝绒沙发却瞬间提升了整个空间的品质，沙发区本身就是整个客厅的视觉中心，这个墨绿色沙发无论是材质、造型还是舒适度，它都是非常加分的一项搭配。

30

○━ **角落变身休闲空间**

客厅角落放置一张皮质座椅和一张小
茶几便形成一个休闲空间，造型简约
的大叶绿植搭配得恰到好处，在此可
以尽情享受下午茶时光。

楼梯下方变身景观电视背景墙 ━○

楼梯下方被设计成了多功能电视背景
墙，黑色的多层转角置物架可以放置
很多书籍与摆件，下方则被做成日式
枯山水小景观，具有很强的观赏性，
使楼梯下方的空间瞬间精致起来。

31

主卧

妈妈的卧室延续了轻奢北欧的风格，整体精致优雅，背景墙的白色翅膀贯彻了这个家的主题：自由。灰粉色的床品和坐凳甜而不腻，墨绿色的柜子平衡了空间色调，也呼应着客厅和厨房的绿色装饰。

定制装饰画书柜

二层的书房是女儿专用，所以用了她喜欢的黑白色简约风格，定制的装饰画与书柜合二为一，融入屋主的个性，力求打造成独一无二的空间。

32

33 **书房与卧室位置对调**

书房在原格局中是卧室的位置，采光非常好，但是女儿喜欢卧室是比较暗沉的色调，反而书房一定要敞亮，所以做了对调。这个空间不仅可以看书还可以会客，非常私密。

女儿房

女儿房极简的黑白色调呈现出一个纯粹的空间，她对暗色的喜欢来源于对海底的迷恋，这种氛围她觉得最舒适、最有安全感，在此入睡仿佛沉入自由的海底世界。

露台

二楼卫生间做了三式分离，马桶区和淋浴区做了整体的玻璃分割，让视野更加通透，酒店风的装修风格让自己随时都感觉在度假，身心非常放松。

34 度假风露台

原本开放式的露台做了半封闭式的设计，对内开放，对外封闭，在这里可以泡汤、听音乐。木质格栅与绿植打造出休闲度假的氛围，在家就能体验到极致的自由。

一楼卫生间是母亲喜欢的风格，墨绿色的六角墙砖活泼又美观，进门就能看到，让人心情愉悦。整排的绿色柜子在灰调背景的空间中丝毫不显突兀。一种颜色贯彻各个空间，足见妈妈对墨绿色的喜爱。

五、188m² 4 室变 2 室，大幅度提升居住体验

相比生活的琐事，生活的品质更为重要。

设计说明：

大部分人买房子装修都希望卧室越多越好，如果有亲朋好友过来留宿会非常方便，但是客人到来的次数是有限的，自己待在家的时间才是最长的。

这个 188m² 的房子原户型有 4 个卧室，经过一番改造后最终只剩下两间，因为屋主特别注重居住和休闲体验，即使牺牲掉其他空间也无所谓。这套房子所在的位置风景极佳，但是因为楼层和建筑物外观原因挡住了客厅阳台的观景视角。原格局中生活阳台则在离主卧最远的

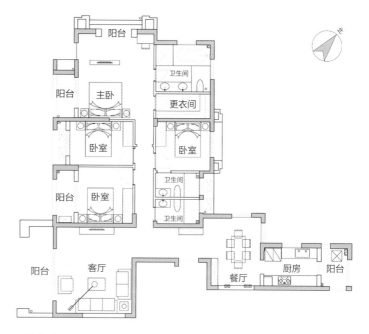

户型：2室3厅2卫	
面积：188m²	
风格：北欧风	
设计：理居设计	

原始户型图

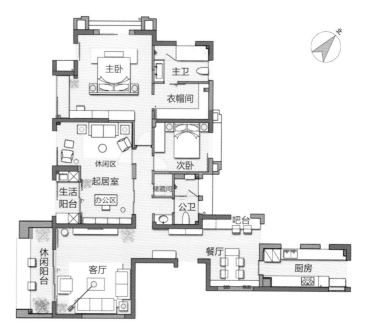

厨房，动线非常不合理。衣帽间太小，主卧太大，卫生间和卧室都太多，这些都是很大的问题。经过设计师改造，书房阳台作为生活阳台，原生活阳台并入厨房空间，4个卧室变成2个，空出的部分做了大的起居室。房子整体风格为北欧风，时尚又大气，一些粉色元素穿插在各个空间，让整个房子更加温柔可爱。

平面设计图

玄关

因为入户处的墙面不能动，所以设计师尽量让它变得美观。玄关柜是定制的，内抠式的把手保证了外观的美感。低矮的柜子不会产生压迫感，也让软装有史多发挥余地。

客厅

用黑白灰打造的北欧风客厅简约有质感。黑白条状的地毯是设计师画图定制的，细腿茶几组合放置在上面仿佛隐形。淡粉色的沙发增加了空间的柔美，电视的插座和电源线都隐藏在电视柜中，让整个背景墙更加干净。

35

轨道射灯做主光源

客厅吊顶简单略显空荡荡，于是轨道射灯成为客厅的主要照明方式。客厅挂画比较多，射灯可以做氛围灯光，方向变动也更加灵活，外表也较为美观，装饰了吊顶。

高脚椅打开观景视野

客厅阳台的墙体不能敲掉做落地窗，因此会影响观景，于是这处空间被设计成花园式户外阳台，两个高脚椅让观景的视野更加开阔。

36

餐厅

餐厅位置在入户的右侧，简单的 4 人餐桌充满北欧温情，大幅的抽象画遮住了电箱，文艺感十足的吊灯充满现代气息，灰色的背景墙还有很大的发挥空间。

37

○— 黑板墙 + 窗边吧台丰富餐厅空间 —○

整面的黑板墙可以用来写一些菜谱和备注，窗边做了吧台用来边小酌边赏景，这些都让生活更有情调。

厨房

厨房面积足有 $10m^2$，整个做饭过程非常流畅。白色的橱柜在视觉上减轻了厨房过于狭长的感觉。因为空间足够大，所以厨房两侧空间只有一侧做了吊柜，另一侧则做了隔板置物架，这样不会显得太闷。

38

餐边柜做备餐台

整排的半墙餐边柜可以用来储物，上方的台面可以用来做备餐台，成为餐桌的补充空间。

39

生活阳台并入厨房

因为原有生活阳台在厨房位置，距离其他空间太远，动线过长，于是阳台直接并入了厨房，增加了厨房面积的同时让高频使用的厨房功能更加强大。

次卧

次卧是作为客房留给亲朋好友过来小住的，白色的空间点缀了薄荷绿色的吊灯与床品更显清新淡雅，静谧安适。

起居室

因为厨房的生活阳台被合并，书房处的阳台便成为生活阳台，这里距离其他卧室和衣帽间都比较近，生活动线更加流畅。

40

合并卧室打造多功能空间

因为屋主目前只需要两间卧室，所以原格局中两间卧室被打通直接做成一个多功能起居室，一边是书房，一边是休闲区，可以用来接待客人，读书休憩，三五好友聊聊天。如果以后有了孩子，空间也可以灵活调整，门、插座、空调、电路等都提前做好了预留，中间只需要砌一道轻钢龙骨墙，再做一整排衣柜，休闲区变成儿童房就会和书房彼此独立。这是未来的打算，如今享受当下是最重要的。

粉色元素自然融入

家中的女主人非常喜欢粉色，但是如何让这种粉嫩的颜色自然又不尴尬地融入每个空间中是非常困难的。客厅加入了粉色的沙发纱帘和整体风格不冲突，而起居室则直接刷了一面淡粉色的背景墙，不仅不尴尬，还让此处的空间氛围更显休闲放松。

41

床铺放置在中间位置

主卧是一间较大的套房，拥有卫生间和衣帽间。床放置在了空间的正中央，避免了房间太过空荡。床铺四周360°无死角的美，都做了精心设计，床头后面就是储物柜和女主人的梳妆台，红色格子被罩和次卧的床品属于同一个风格，非常漂亮。

42

空间重新分配后衣帽间借用主卫空间增加了储物面积，而主卫的入口也改从衣帽间进入，更加符合屋主的生活习惯。

主卧卫生间拥有一个大浴缸和独立淋浴房，原卫生间格局中的双台盆改成了一个，丝毫不影响生活，还让空间分配更加合理。

PART 2

第二章

打造『城堡』之家

六、清新范儿美式住宅，用白色打造出高级感

你总觉得我很宅，那是你不知道我的家有多好。

| 户型：4室2厅3卫 |
| 面积：239m² |
| 风格：美式 |
| 设计：清羽设计 |

设计说明：

这是一个拥有两个小公主的家庭，239m² 的面积足够居住，但是原始户型存在很多缺陷，比如主卧和生活阳台有两根多余的水泥柱、公共卫生间位置不合理、主卧没有卫生间等，经过改造后这些问题都得以解决，而且主卧还增加了衣帽间，餐厅旁增加了西厨。

除了格局上的变化，这个家还被打造成了以白色调为主的清新美式风格。美式家居风格一直都是大气中带着精致感，这与美国的历史文化相关，作为一个以殖民为基础发展起来的国家，美式风格有着巴洛克式的贵气与本土的自由不羁，最主要的还是舒适宜居。这个家的美式风有着自己独特的味道。

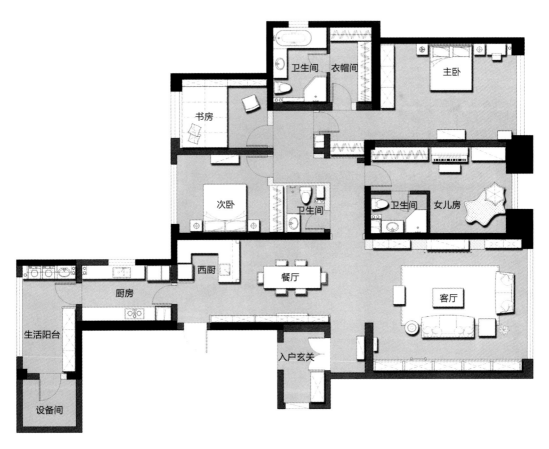

平面设计图

玄关

入口玄关处的一个角落被打造成了一个温馨精致的空间，桌上的摆设体现了房屋主人对艺术的追求，花束为生活增添了很多色彩。

43

白色调的美式风格

客厅整体空间清新中带有一丝贵气，这种以 80% 白色为主调的美式风格并不常见，除去黑色的电视和古色茶几等带有稍许重色，无论是墙体还是柜体的软装都是偏向白色调，这种搭配使空间层次分明，通透敞亮，线条流畅又具有美感。

因为美国的历史原因，美式风格其实融合了很多国家的家居风格。电视墙的线条造型有着法式风格的影子，而壁炉则是北欧风家居设计的重要元素，经过巧妙的融合后变得大气精美。

44

对称的收纳柜

客厅两侧的收纳柜几乎呈对称状存在，既美观又增加了储物空间。对称式的收纳非常整体，解决了常规收纳柜凹凸状态对视线的遮挡，保证了整体空间的通透感。

47

注重对角落的设计利用

客厅几乎每个角落随手一拍都非常美，就像身在某个精心设计好的摄影棚里，最重要的是这些角落不仅非常具有艺术感，还非常实用。有年代感的梯子置物架不仅能放置一些收藏品和杂物，还成为装饰空间的一件艺术品。沙发后的一角放置了很多物件，但并没有形成参差不齐的空间，而是形成乱中有序的空间，在白纱帘的映衬下格外美观。

提升精致感的沙发区

整个客厅的中心就是沙发区，它是一家人日常聚在一起娱乐聊天的最佳地方，所以这个地方需要很多提升幸福感的细节设计。沙发一定要非常舒适，绿植和花束会给人带来生机感，沙发旁边的圆形、带花边的边几非常精美，与花束绿植融为一体成为一件艺术品。

书架轨道梯

通顶的格子柜有着强大的储物功能，但是拿取东西并不方便，尤其是比较高的上层。给普通的梯子做好凹槽，然后按照梯子高度在柜子上方做一排轨道，这样拿取东西时会更加安全牢固。这种梯子还有底部带滑轮的，用起来更加方便。

餐厅

餐厅整体更像是一个艺术展厅，右侧挂墙式的复古镜子和古典灯具让就餐的环境更加雅致。左侧则是一整排的储物柜，开放式与封闭式并存，满足多种收纳。

48 增设西厨方便生活

餐厅旁边在原有格局的基础上增加了一个西厨，可以做甜点与沙拉等无油烟的食物，非常有情调，而且让喜欢吃西餐的一家人日常生活更加方便。

厨房的整体橱柜依旧以白色调为主，两侧都做了操作台，让烹饪更加方便，有足够的发挥空间。厨房中的电器几乎都做了潜入式设计，更加合理地利用空间，让厨房线条感更强。

生活阳台

生活阳台一体化设计

厨房尽头拐角处就是一个生活阳台＋设备间，生活阳台做了一体化设计，更加合理利用了空间。洗衣机烘干机做了潜入式，上下的柜子可以囤一些洗衣液、衣架等杂物。洗衣台方便一些小件衣物或者鞋子的清洗，高度也刚刚好。

49

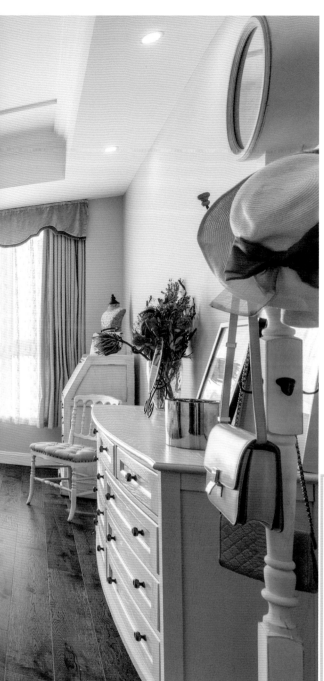

主卧

美式卧室一般都布置得较为温馨，主卧的床品都经过精心挑选，看起来就非常舒适，房间整体色调也比较统一。床头柜的台灯改用了复古风浓重的吊灯，典雅高贵的梳妆台将奢华精致的气质贯彻到底。

落地式钟表衣架

床尾收纳柜旁边的衣架可以放置临时的衣物与包，这个衣架同时也是一个钟表，看时间非常方便，而且外形精美。这种人性化的设计极大方便了我们生活。

书房

书房做了榻榻米的床铺，让这里成为一个多功能的房间，看书、喝茶或者作为客房使用。利落的布局让空间更加通透，墙上的挂画都是近些年比较流行的类型，不同风格的画框让此处空间更加精致。

次卧

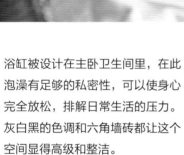

浴缸被设计在主卧卫生间里，在此泡澡有足够的私密性，可以使身心完全放松，排解日常生活的压力。灰白黑的色调和六角墙砖都让这个空间显得高级和整洁。

卫生间采用黑白色调，工字拼的墙砖和淡蓝色防水漆墙面做了拼接设计，镜子上方安装了迷你射灯。这些个性的设计让小小的卫生间变得非常精致。

51

巧借卫生间面积做衣柜

次卧相对其他空间更加简洁一些，次卧面积相对小一些，简单的设计反而会解决空间局促的问题。舒适的浅色调非常有助于安眠，嵌入墙体的衣柜借用了公共卫生间的面积，丰富了卧室功能又不会缩小卧室面积。

七、石膏线 +
金属线条，打
造美如宫殿的
法式之家

房子不仅要好用，
更要好看。

户型：4室2厅2卫
面积：170m^2
风格：法式
设计：双宝设计

设计说明：

这是一个原始层高3.2m的法式之家，精美的石膏线条取代了传统的厚重顶棚，美观又实用，最终除去地暖和地砖层厚度，层高依然有3.1m。这个170m^{2}的家虽然面积足够大，但是原始户型却存在很多缺陷。对格局重新进行规划，入户处的小储物间被拆除，增大客餐厅的面积；主卧和主卫之间的共墙拆除后重建了一个迷你水吧。相对格局来说，这个法式之家浪漫和典雅的装饰装修更值得一观，在传统法式的基础上融入现代感，精美的雕花线条，美观的软装搭配，都让人眼前一亮。

平面设计图

玄关

人们对玄关的第一要求就是收纳功能要多样化，满足日常进出门的正常需求，比如鞋子的收纳拿取、衣物杂物的放置等，如果空间和格局都合适，除去收纳柜以外，还可以在入门视线前方打造一处非常有仪式感的地方。这个法式之家入户第一眼所见就是漂亮的粉蓝色小边柜，里面放置着香薰、蜡烛、花瓶等物品，极大提升了生活的仪式感。

52

美化电箱＋设置地灯，犄角旮旯的用心设计

一大一小的挂画将不太美观的电箱完美掩藏，遮挡的同时
也提升了门厅的美感。地面的隐藏灯为家营造了美妙的氛
围，晚上还可以当作小夜灯使用。

客厅

客厅给人第一感觉就是大气中带着精致。精美的石膏花线点缀了大片白色的背景，丝毫不显突兀。传统的沙发与电视间的位置被打破，组合式围合型的沙发更适合现代人的生活方式，家人聊天、朋友聚会都更加自在，沙发形式还可以根据不同场合灵活变动。

53

黑色的细脚柜低调优雅，桌上的绿植花束生机勃勃，搭配上金色画框，三种颜色丰富了室内色彩。

54

55

用超大镜子延伸空间

壁炉上的金色框镜子在视觉上起到了延伸空间的作用，看起来非常精美的镜子实际重达100kg，所以安装的时候特别需要注意安全问题，也要保证镜子的稳固性。

用地砖做"人字拼"地板

考虑装修造价，一般"人字拼"木地板都是由仿木纹的砖代替的。采用地暖时，同样的温度，地砖会比木地板更暖和，且性价也比较高。

统一的黑色细脚家具

统一的黑色细脚家具几乎隐于无形，它们并没有看起来那么脆弱，而是非常稳固，同时也增强空间通透感，让客厅在视觉上显得十分通透。

餐厅

餐厅延续了客厅的软装色彩搭配，同样颜色的蓝色细脚餐椅，搭配轻薄的白色餐桌，质感十足。长长的餐桌可以满足 6~8 人用餐。

三盏黑色的吊灯是餐厅的主要照明来源。窗帘下方安装了嵌入式灯带，可以对窗帘进行反射透光，让夜晚用餐的氛围更加浪漫。

厨房依旧是以黑白灰色调为主，操作台处的墙面铺设白色小方砖，好看又方便打理。橱柜上的金色纽扣状把手装饰性非常强。

半弧形的拱门更加柔美，贵妃沙发让生活的舒适度更高。

56

"消失"的烟道

吊柜上方的墙面区域（顶面下吊400mm）是用来预埋烟道管线的，既保留了层高，又不占用储物空间，还能让厨房保持干净整洁。

072

57 空间平衡术

主卧用了蓝白色块打造空间的块面感，床两侧的吊灯和床头柜对称布置，很好地平衡了背景墙的不规则造型。

58

巧妙借用墙面空间

主卧和主卫之间的共墙拆除重建后增加了一个迷你水吧，让生活更加便捷，不用去厨房也可以随时拿取冰水和饮料。

主卧

相对传统法式风格的吊灯造型，客餐厅现代化的吊灯造型过于简洁，而卧室吊灯的造型还原了古典法式风格灯具特点，造型对称，烦琐又精美，单纯仿其形是为了更好和家中风格融合。

儿童房

儿童房刷了柔嫩的灰粉色漆，像公主的城堡一般，小朋友会更喜欢。屋里的家具都是可以随时更换的，随着小朋友成长可以不断调整。床尾做了小型化妆台，充满童趣又很优雅。

走廊

书房

书房的大阪原木书桌并未和浪漫的法式风格发生冲突，反而形成"中西合璧"的效果。半开放式的书柜满足了各类物品不同的收纳方式。

59

门变高了，空间更显大

这里的房门故意做得很高，
在视觉上会增加层高，也让
空间更加宽敞。

走廊变画廊

走廊拥有 1.5m 的宽度，墙壁
上挂着各式各样的抽象画，还
有可以小憩的长形坐凳，加上
精美的石膏线条，仿佛此处就
是一个画廊。

卫生间

卫生间依然少不了相同风格的
挂画，让精致的生活渗透到每
个空间。金色边框的大镜子搭
配旁边的小吊灯，让洗漱、化
妆等过程更加舒畅。

真正的自由，
是在家就可以度假。

八、260m²
自然混搭风别
墅，美得像森
林里的古堡

设计说明：

这是一栋封存 10 年的老房子，深处武汉闹中取静的小区，陈旧的味道让它多了些烟火气与神秘感。经过重新设计改造，古朴的质感被完全保留住，整个空间采用自然混搭风，以原木色和浅色墙面为主，搭配黑色质感的流线楼梯扶手和各种铁艺，走廊的素色花团、各种花色墙面地板，加上无处不在的植物花草，让这个家非常惊艳，如同置身于古老森林中的古堡。

设计师为这个房子取名"四木居"，"四"代表方正完整，一年里春夏秋冬轮回圆满，四季交替，人与自然交换心境，复与着生活的新意。"四木"是橡木、胡桃木、柞木、榆木。以"木"自居，必表达木的品格，谦逊、结实、承载，随生活之流，放逐心性，到自然里游荡。

改造前

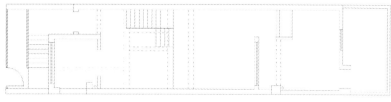

一层原始结构图

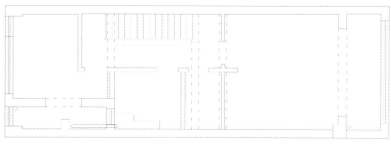

二层原始结构图

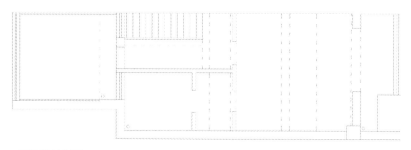

三层原始结构图

户型： 4 室 2 厅 2 卫
面积： 260m²
风格： 自然混搭风
设计： 吾桐栖岸

改造后

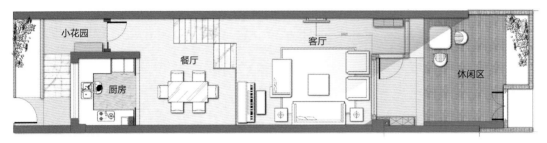

一层平面图

二层平面图

三层平面图

餐厅

61 原木房梁 + 皇冠吊灯

餐厅空间高于客厅，成为一个独立的小空间，吃饭的时候非常有仪式感。黑色铁艺造型的栏杆搭配原木的房梁与金属皇冠吊灯，使整个餐厅格调立刻提升，整个空间线条也变得灵动起来。

62

厨房

复古柜门对撞小花砖

厨房的柜体采用浅绿色柜门搭配现代拼花地砖，优雅又大气。橱柜的玻璃窗造型酷似教堂的花窗，多了一些复古的味道。

客厅

自然混搭风打造森林古堡

客厅色调厚重，原始感十足的软装搭配让人如同穿越到远古森林中的城堡。古朴的家具，棉麻质感的窗帘，壁炉状的电视背景墙，无处不在的大叶绿植，让这个空间充满自然感。

63

复古壁炉装饰背景墙

电视背景墙用了复古壁炉作为装饰，充满了古老的味道，两侧的原木鹿角壁灯灵气十足，一旁放置的钢琴既为装饰，又能满足屋主的爱好。

主卧

64

度假风卧室

二楼主卧的床铺安装了原木架子，四周装上棉麻材质的帘子，形成了非常梦幻的纱帐，整个空间典雅又自由，仿佛在外度假一般，让人忘却烦恼，享受每一刻的生活。

可收纳书籍的木质榻榻米

卧室窗边打造了榻榻米空间，有一种禅意之美，它不加修饰便可打动人心。榻榻米的外侧做了可以放置书籍的开放式格子，让这处空间美貌与能力并存，在此聊天、品茶、读书都再好不过。

66

65

复古定制衣柜

一整排的定制衣柜造型古朴，与卧室风格完美融合，不仅增加了储物功能，还让空间更富层次感。

次卧

三层次卧床头上方的挂画里的仙鹤纯洁飘逸，与室内整体风格完美融合，深灰色自然景色立体花纹使整个卧室空间充满精致感。屋主最喜欢去的地方就是云南，在那里有一种被放逐的自由，床头柜上摆放着金属质感的大象台灯可以让他随时感受到度假的氛围。

卫生间

盥洗区被放置在走廊位置，古朴风格原木定制柜搭配黑色金属把手立刻提升空间格调，"抽屉柜＋柜子"的组合可以分类放置洗漱用品，非常实用。

67

浴缸外放设计

将浴缸直接外放非常大胆，屋主是为了可以一边泡澡一边观影品酒，这种风格更加狂野自然，仿佛时刻都能感受到自然的召唤。

68

水墨花纹装饰墙面

楼梯间水墨花纹的墙面使整个空间更具艺术感，枝叶繁茂的画和旁边的绿植相得益彰，充满着自然气息，仿佛一片小森林。

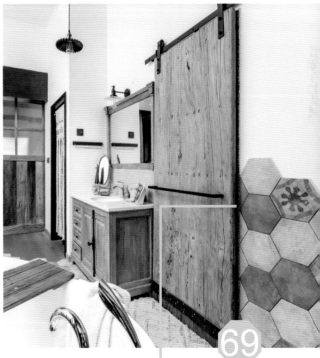

69

谷仓门 + 六角墙砖

盥洗区旁的谷仓门后就是卫生间的如厕区和淋浴区。木质谷仓门使整个空间怀旧风格十足，搭配不同灰度花砖拼接铺设的墙面让整个走廊空间充满层次感。

书房

书房空间放置了大量用原木搭建的桌子和置物架，搭配绿色百叶帘和现代感十足的椅子让整个房间既复古又时尚，毫无违和感。书房还兼具游戏室与乐器室的功能，在此读书弹琴、游戏聊天非常享受，累了就在软塌休息一会儿，还能看着窗外风景放松身心。

九、海淘中古家具，打造美如画的中世纪之家

墙体拆建图

家是独一无二的展厅，展示着你的品位和生活情绪。

户型：4 室 2 厅 2 卫

面积：145m²

风格：混搭风格

设计：本墨设计

设计说明：

想要打造超级漂亮的房子，首先要将格局调整到最佳。这个典雅的中世纪之家的原始户型在很多细节上都很鸡肋，比如儿童房门就在玄关处，走廊尽头就是主卧门，这不但难以保证隐私，而且也会使主动线影响客餐厅及卧室的空间。

部分墙体拆除重新改建后，儿童房门的位置做了更换，原来4m²的走廊空间划归到朝南次卧，次卧面积从原来的9.4m²增加到13.8m²，主卧也增加了双倍收纳空间。走廊平移后，朝北书房改为榻榻米客房兼娱乐区，保留储物空间，利用卫生间干区和朝北客房贯通形成通往主卧的走廊，避免了纯走廊的面积浪费，同时也使自然光照可达走廊区域。

平面设计图

玄关处做了一整面墙的收纳柜，满足了临时外套和鞋子的存放，胡桃木整板做的换鞋凳和黄铜挂衣钩充满质感，这面墙是在原儿童房门的位置，经过改造后玄关更加完整，墙面灰色云卷云舒的图案完美掩藏原户型的结构，而且非常大气。

客厅整体简洁又充满古典的味道，这主要来源于对细节的设计。经典的石膏角线衬托造型别致的灯盘，鱼骨拼接地板搭配费心淘来的中古柜和中古落地灯，仿佛使人穿越回北欧中世纪时期。沙发围合的状态可以根据需求随时更改，单人沙发椅轻便灵活。

70

根据空间特点选择空调样式

为了保持原始层高带来的开阔，客厅并没吊顶安装中央空调，最终选择了和客厅风格比较搭的一款落地式空调。

客厅

"上锁"的电视

客厅的电视在壁炉上方，为了弱化电视功能，可以为电视柜"上锁"，这样的方式可以防止孩子偷看电视，一家人有更多时间以更亲密的方式相处，看书、聊天、娱乐等，电子化的产品可以有节制的去使用。

巧用墙体做壁龛

客厅背景墙为非承重墙，敲掉改造后成了完美的书柜组合，可以放置很多书籍满足一家人读书的喜好。右边的壁龛是原走廊的位置，定做的白色格子书柜和肌理墙融为一体，不仅创造了强大的收纳空间，还增大了客厅空间，使背景墙显得更为整体。

092

对称的门洞

开放的儿童房和玄关处形成了对称的门洞，不仅美感倍增还让空间更有延伸感。

阳台

绿植环绕的阳台配上柔美的白纱帘，温暖的色调有一种治愈的力量，木色家居更贴近自然，轻薄的纱帘适合低矮的楼层，既透光又能保护隐私。

74

没有地轨的双开门

黑色格子双推玻璃门样式时尚又能和室内风格融为一体，让整体空间更显精致复古。没有地轨的双开门使阳台和客厅的空间衔接更为自然，也方便清理。

餐厅

餐厅的软装搭配十分用心，白色文化砖墙挂满了大小各异的挂画，这种看似分散实则非常有章法的摆放方式让餐厅的颜值提高了一倍。白色的百叶窗使散落在餐具上的光影更加迷人。木色的长桌足够 6~8 人用餐，两侧餐椅造型不同，有一种不对称的美。

厨房

L 形厨房充分利用空间，双开玻璃门保证了厨房的通透，从透明格子吊柜拿取物品会更加明确。厨房还安装了净水系统，让一家人的饮食更加健康。

主卧的电视背景墙和玄关处的一致，中古的电视柜和小吊灯也延续了复古的格调。

75

飘窗 L 形卡座形成新空间

床位的飘窗设计了 L 形卡座，在此读书、小憩、看风景都非常惬意。

儿童房用了明亮的色彩点亮空间。黄色的吊灯为整个空间增添了生机，床头柜像一个小型书架，灰蓝色的背景墙适合孩子成长的每个阶段。

次卧中似云朵又似棉花的吊灯十分有趣，搭配上古朴的木色家具非常贴近自然。舒适的沙发椅让生活更加怡然。

卫生间

平移后的走廊将卫生间划分成干湿区，分别在走廊两侧，1m 宽的走廊丝毫不显拥挤。水泥花砖和铜条门精致复古。

76

落地式浴缸

主卧卫生间装了长1.6m落地式浴缸，这种浴缸可以让泡澡的时光变得更加享受。部分落地式浴缸有按摩功能，可以实现注水自动循环，更有非常科技化的浴缸可以远程操控水温。

77

定制台盆架

卫生间面积狭小导致空间显得非常拥堵，而定制的台盆架更加纤细，视觉上非常通透，原理同细脚家具。

097

十、300m² 的家不摩登不奢华，到处都是对生活美学的感悟

无趣的房子千篇一律，好看的家万里挑一。

户型： 5室2厅4卫
面积： 300m²
风格： 现代混搭
设计： 五明原创家居设计

设计说明：

流行的家居风格不一定是最适合自己的。这个300m²的房间里到处都是屋主对美学的体悟，莫兰迪配色、拱形门洞设计、椅子的对称美学，就连卫生间都会有相对应的主题插画。不被流行干扰，不痴迷于奢华，而是追求生活的品质与居住功能，明确自己的目标，才会拥有独一无二的家。

一层平面图

二层平面图

三层平面图

玄关

 打造玄关小景

因为门厅面积足够大，入门处做了储物柜实现收纳功能后，特意在此又打造了一处观赏性角落。古朴别致的格栅窗小景搭配白色百叶窗，再放置一瓶绿植，回家就能感受到岁月静好。

两张椅子的对称美学

两张皮质椅子分置在拥有书报架的小桌旁边，阐释着对称的美学。小型茶几沉稳大气，牛皮挂袋方便收纳报刊书籍，让这个小空间更加休闲。

客厅

客厅大面积暖白色调宁静优雅，莫兰迪配色明亮和谐，圆形茶几与铁艺座椅刚柔并济，使整个空间都变得灵动起来。

拱形门洞增加客厅美感

落地窗搭配拱形门的设计让客厅的线条柔美起来。阳光透过纱帘射进客厅的时候，门洞处好像半个小太阳，闪着温和的光芒。

79

81

82

半墙格子书架

半墙高的白色格子书架缓解了空间的压抑感，格子里放置着很多书籍，最上面可以放置画作与绿植。这个书架不仅为客厅增加了藏书功能，还丰富了空间背景。

走廊处的读书角

沙发切割了客厅空间，背后的走廊形成一个小小的读书角。红棕色沙发搭配简约的落地灯满足了读书的需求，后面搭配的生活储物柜也十分方便。

101

餐厅

餐厅两端分别是客厅和厨房，整体色调延续了客厅的配色风格。三层花瓣状的玻璃吊灯呈现初开的形态，非常精美，让用餐也充满了仪式感。厨房和餐厅间使用白框玻璃折叠门，实用又透光。

83

艺术背景墙 + 高脚餐边柜

餐厅其中一面墙做了艺术化的处理，天蓝色基调背景墙搭配乳白色双开门高脚餐边柜非常优雅。柜子腿部柱体采用旋切工艺，造型精美。

厨房

U 形操作台让备餐时的空间更加宽松。大量的储物柜足够放置厨房电器和各种小物件。白色卷帘不仅美观还能保证室内的隐私。

书房

书房原木的桌椅和书柜厚重有质感，让整个房间书香气十足。开放式的格子柜和封闭的白色柜子连为一体，满足了不同种类书籍物件的存放。

主卧

84 中式坐塌的简净美学

主卧外的中庭放置了中式的木质坐塌，这个空间带给人足够的舒适感。喝茶聊天，都让平凡的岁月中诞生一种力量，一种热爱生活的力量。

次卧

主卧橘黄色的床头给房间带来一股暖意。背景墙的壁纸营造了一种秋意朦胧的感觉，光影投射在上面非常梦幻。

次卧空间整体风格偏古典，胡桃木质感的床与书桌同白灰色简约背景搭配毫无违和感。通向阁楼的楼梯与次卧用布艺窗帘隔离，增加了空间的私密性。

86

化妆台 = 书桌

衣帽间的化妆台大部分时间都是女主人的书桌，这里比较安静，四面衣柜，环境相对封闭，适合看书学习。

85

功能与审美并存的屏风衣架

作为一个衣帽间，不仅要"很能装"，还要精致美观。一扇木质屏风衣架兼具美学与功能性，非常有创意。

卫生间

卫生间用灰色水泥砖搭配胡桃木质感的柜子打造出自然风的感觉。双洗手台让洗漱更加方便，功能区域规划分明。

蓝鲸挂画增加卫生间质感

浴缸的尽头有一幅蓝色系挂画，潜入深海的蓝鲸自由奔放，泡澡的时候看着这幅画会更加放松，让纷乱的思绪归于平静。

87

阁楼

阁楼空间是专门为孩子打造的，这里的矮柜用来放置孩子的玩具，小帐篷和毛绒玩具都会使孩子的童年更加快乐，在此享受亲子时光最好不过。

88

自制粗犷质感的门洞

进入阁楼的亮丽橙色门洞非常醒目，被人为开凿过的痕迹是故意设计的，非常有趣味性，仿佛走进这里就会进入一个新世界。

客卧

因为客卧是朋友过来玩过夜小住，所以没有做太强烈的个人风格，重点就是舒适。柔和的色调更有利于安眠，台灯、床头和细节处的纹理等依然保持了房间整体的审美格调。

107

PART *3*

第三章

打造梦幻居所

十一、用石膏线做背景墙，切割几何空间，这个家精致得像首饰盒

心动如初恋般的感觉，这才是属于你自己的家。

户型： 3室2厅1卫
面积： 116m^2
风格： 现代
设计： 双宝设计

设计说明：

这原本是一个4室的房子，但是面积却并不是很大，家中的公共区域略显拥挤，而且房屋主人也并不需要这么多房间来住，干脆就拆掉一间房子将部分空间给到餐厅，同时将厨房面积扩容，增加了室内采光。设计师采用宝石的切割方式，让整个家像一个精致的首饰盒。这个家整体的风格偏向现代法式的感觉，因为墙面运用了一些精致的线条元素，地面用了法国古建筑传统的"凡尔赛拼法"搭配现代家具，点缀一些复古配饰，使这个空间有着现代的时尚和传统的精致。

客厅

客厅整体看起来非常干净整洁而且具有现代时尚感，精致的吊灯像小巧的头冠，大面积的白色背景用些许石膏线条做装饰，窗帘的颜色柔和静谧，浅灰色的沙发上放置着毛绒面的抱枕，沙发和茶几腿等都用了黄铜材质，黑白毛皮拼接的地毯很好地点缀了空间，让沙发区域成为客厅的视觉中心。

89
用旧木料加工的电视柜
电视柜柜面的拼贴方式和地板拼贴方式相同，更加自然朴实。

90

用石膏线装饰的背景墙

墙面的设计运用了一些平面的手法，内外圈用了 1.5cm 和 3cm 的 PU 线条与石膏线条搭配，简约又精致。搭配的挂画也是以线条为主，和整个背景墙充分融合。

餐厅

白色轻薄的餐桌搭配金色细腿、丝绒材质的孔雀蓝餐椅质感十足，白色吊灯的低调让空间更加通透。一侧的餐边柜收纳强大，中间黑色镂空部分还可以作为备餐区。

91

延伸玄关的储物空间

餐厅的位置就在玄关的右前方，所以将玄关的储物柜转角后做了储物空间的延伸，白色通顶的储物柜仿佛隐身，与室内墙面的石膏线条风格融合，视觉上丝毫不占用空间面积，还可以收纳更多鞋子。

92

切割异形空间

这原本是一个都是 90°角的方正空间，为了保证餐厨区域的面积和通透感，拆除一间卧室后，设计师在餐厅空间做了一个约 130°的角。黑框玻璃滑门将自然光引入餐厅，让这个空间非常敞亮，去往各个空间的动线也非常流畅。

走廊

厨房

93

巧妙利用走廊空间

这是入门后的走廊区域，是通往家中各个功能区的主线路，设计师巧妙地将走廊空间并入其他功能区，比如前段空间成为餐厅的一部分，中段连接书房成为客厅空间，后段空间通往两个卧室和卫生间。

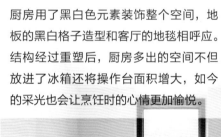

厨房用了黑白色元素装饰整个空间，地板的黑白格子造型和客厅的地毯相呼应。结构经过重塑后，厨房多出的空间不但放进了冰箱还将操作台面积增大，如今的采光也会让烹饪时的心情更加愉悦。

主卧

主卧的白色几乎占到了 90%，点缀些许柔和的粉色，这种纯粹干净的空间更有助于促进良好的睡眠。为了保证床体两侧的面积，衣柜被设计在了床尾，门板用了线框门的样式，加装反弹器来开合柜门，全部关上后就是一面背景墙。衣柜底部还做了 10cm 抬高的氛围光线。

94

拆除飘窗做梳妆台

原有格局靠窗的一侧是飘窗的位置，为了更好地利用空间，假飘窗被拆除，做了主人更需要的梳妆台，同时增加了主卧的面积，一改空间局促的状态。

次卧

95

家具靠边增加空间面积

次卧空间要比主卧小很多，所以床体靠窗，只设立单边床头柜会留出相对大一些的空间。衣柜和床等家具都靠边，剩余的空间都集中在一起，会显得更加宽敞。

117

书房

因为对卧室的需求并不是很高，所以剩余的一间房直接做了书房，而且书房做了玻璃移门和客厅互通，整面的落地窗弥补了客厅光线的不足。书房的椅子和餐厅是同款的丝绒材质，用了好看的茱萸粉，搭配上绿色龙骨仙人掌和观赏凤梨，整个空间静谧柔和，非常适合工作和读书。

卫生间

因为屋主想同时满足淋浴和泡澡的需求，而原始卫生间又非常狭小，所以打通了主卧卫生间后，整个面积得到足够的发挥。卫生间墙面并没有铺设墙砖，而是用了防水的乳胶漆，减少了一些刚硬的感觉。

十二、简单却不平凡的小三室，打造出超萌的儿童房

你可以简单，但绝不能平凡。

户型：3室2厅1卫
面积：89m²
风格：北欧风
设计：吾桐栖岸

设计说明：

每个人都希望通过不断改进自己的生活方式从而提升生活品质。"经得起折腾，更加灵活，还要随时能变身为淑女"，这是年轻夫妻对自己89m²新家的要求。这个房子原始户型中厨房太小，经过改造后增加了台面又不影响走路；主卧衣柜和梳妆台做了一体化设计；客厅进行了格局改造，作为公共区域整体风格非常明快，让人看到就会拥有一种积极向上的力量。

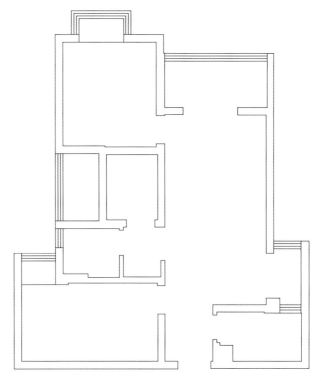

原始结构图

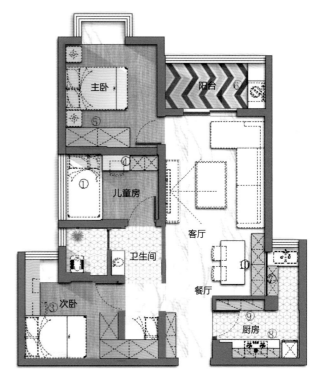

平面设计图

121

客厅

客厅色调明快，软装搭配现代时尚。环形组合的吊灯充满未知感，抽象的挂画自然流畅，大叶绿植生机勃勃，茶几下方带有强大的储物空间，整个空间既实用又好看。

96

几何图形地毯

多色混拼的几何图形地毯让客厅更加活泼，作为使用率较高的公共区域地毯能减轻对地板的人为磨损，其本身的材质也能给客厅增加一丝柔软。

餐厅

餐桌区域就在客厅沙发区的一侧，大理石台面的餐桌方便打理，黄色的餐椅丰富了空间色彩，鲜艳但不突兀。

97

小窗巧作传递口

餐厅的窗户和厨房相连，平时可以打开窗户，用来传递一些水果和甜点，使生活更加有仪式感。

98

餐厅卡座与沙发边几一体化设计

为了更加合理地利用空间，餐厅卡座与沙发边几做了一体化设计，三个抽屉可以分类放置客厅杂物。

厨房

99

灰色地砖 + 墙砖

厨房内黑色搭配白色塑造出简洁的空间，墙砖和地砖用了统一的灰色砖，墙面采用平整铺法，地面则用了工字拼。

100

大于 90° 的转角台面

厨房的转角处有一块凸出来的墙体，为了不牺牲台面空间，也能留出足够的过道，做了大于 90° 的台面设计，非常自然。

125

衣柜梳妆台一体化设计

梳妆台是每个女人必备的，但是如何在空间有限的情况下放置梳妆台需要合理的设计。根据主卧空间的格局特点，整排的衣柜与梳妆台做了一体化设计。两者完美地融合，不占用其他空间，还能当作书桌使用。

101

儿童房

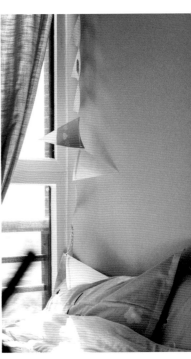

126

卫生间

卫生间外台盆的设计大大提高了早晨卫生间的使用效率，节省了大人上班、孩子上学的时间。

102

○ **用粉色打造梦幻儿童房**

女儿房用大量粉色搭配非常浪漫，如同置身童话中的公主的城堡，粉色的垃圾桶，粉色的帐篷，粉色的床单，粉色的墙面，颜色艳丽却不俗气，非常好看。

十三、90m² 旧屋大变身，巧用 Gucci 经典配色搭配莫兰迪色系

当你觉得生活混乱不堪，试着给家做『减法』。

户型：2室1厅1卫
面积：90m²
风格：现代混搭
设计：双宝设计

设计说明：

如果不试一下，你永远不知道曾经破旧的老房子会发生什么翻天覆地的变化。这是位于重庆南岸的一个 90m² 的两居室，经过从旧到新的变化，有了自己独特的个性。

这是一个丰富多彩的家，客厅配色以 Gucci 包经典配色为灵感，卧室却设计成清新柔美的莫兰迪风格，设计师运用古旧的元素来诠释现代人的生活方式，隐喻文艺复兴时期对个性的解放，对生活的歌颂赞美，肯定"人"在现世生活中的创造和享受。整个家中的搭配其实非常简单轻盈，减少背景造型，凸出视觉中心，做了"减法"的家用心搭配后非常惊艳。

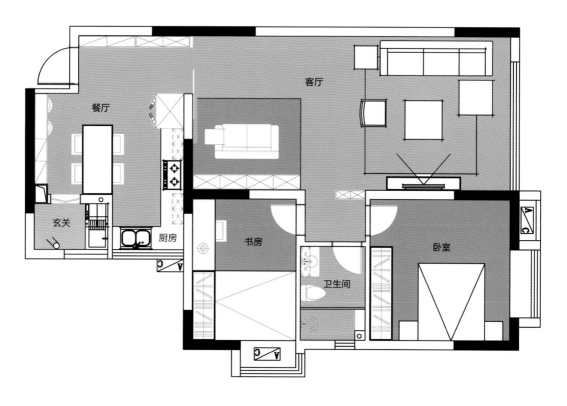

玄关

玄关的空间非常大，所以玄关柜除了基本的收纳功能以外，还做了十字镂空的开放区域，可以放置收藏品，也可以放置钥匙等出门的必备品。坐凳和开放的鞋架合为一体，更加合理地利用了空间。

103 用不同地砖样式划分空间

这个空间铺设了独特的方形黑色原点地砖，形成一个隐形的空间分隔，同时也与其他空间的地板做了很好的衔接。

客厅放置的家具都是比较轻盈的，而且数量很
少，背景墙也没有任何线条和造型，看似简单
的设计实际上做了非常用心的搭配，黄铜、大
理石、原木、藤编等元素搭配在一起非常和谐。

104

以 Gucci 包为灵感的配色

沙发和边几的红、黄、绿配色比
例来源于比较经典的一款 Gucci
包，非常时尚，让沙发区瞬间成
为客厅的视觉中心。

餐厅

功能多变的餐边桌

餐厅的一侧是餐边柜和小桌的组合，靠墙的餐边桌非常节省空间但是功能强大。这里可以是夜晚浪漫的吧台，用来饮酒发呆，也可以是一张简约的书桌用来临时看书工作，早上时间匆忙可以在此吃个早餐。

105

餐厅位置在入门后玄关的右侧，是与厨房一体的开放式空间，因为在格局上与客厅的位置一南一北，因此整个区域非常独立。玫瑰金色的吊灯搭配沉稳的橄榄绿餐椅个性十足，多彩的桌布让餐厅的氛围更加温馨活跃。

厨房用了浅木色柜子搭配白色的台面，非常温馨干净，墙面上用了方便灵活的置物板，利用垂直空间来收纳厨房的调味品和一些常用的瓶瓶罐罐，非常具有实用性。

走廊

走廊区域大变身

因为格局原因，走廊区域的面积比较大，于是被设计成一处休闲空间。舒适现代化的摇椅和整面墙的储物柜都非常实用，另外一边放置落地衣架，挂一些常用衣物。

106

书房

书房放置了一张长度刚刚好适应墙面宽度的桌子，看起来很整齐，木质双层置物架也非常自然，带有原始的朴实感。这里还有更多发挥的空间，随着生活的日积月累，会变得越来越丰富。

卧室

107 莫兰迪色系的卧室

卧室给人的感觉是说不清的温柔与清新。看似清淡的空间实际上用到了杏色、大地色、藕荷色、水绿色等颜色做搭配，十分和谐舒适，这些色彩明亮却又安静，温暖与高冷并存，非常惊艳。

阳台

108

○ 梯形花盆架

阳台上摆满了主人喜欢的绿植，很多还在生长中，呈现出一片生机勃勃的景象。这里用到的梯形花盆架非常新颖，它很好地利用了垂直空间，节省了平面空间面积，也让花花草草摆放得更加整齐。

135

十四、粉蓝色＋长虹玻璃打造梦幻居所，让家中永远住着少女

每一面墙都写满了，真诚、初心、光明、希望……

户型： 2室2厅1卫
面积： 60m²
风格： 现代
设计： 双宝设计

设计说明：

现在的 90 后女生无论到什么时候，内心都住着一个少女，所以设计师为了实现屋主梦幻中的家，融入非常多的少女元素。屋主偏爱的粉蓝色，只有 60m² 的小房子也想要拥有大房子的通透和美感，最后这些都实现了。这间房子的原始户型非常压抑，储物不足，卫生间只有 3.5m²。设计师将厨房改造成开放式空间，增加了采光。然后打掉次卧面向餐厅的墙体，使用长虹玻璃和窄边框滑门，增加开阔度和采光。再将原本开放的阳台进行封闭，做成落地窗和榻榻米的形式。卫生间面积也被扩大，可以同时融入浴缸、淋浴、马桶、台盆的功能。

玄关

玄关的收纳柜中间做了镂空的设计，放置了香薰和手提包、钥匙等出门必备品，对面就是粉色的"断臂维纳斯"。进门便能闻到好闻的香味，看到一面艺术品展示柜，精致的感觉瞬间袭来。

109

长虹玻璃 + 窄边框滑门

原来次卧面向餐厅的墙体被打掉后改为长虹玻璃 + 窄边框滑门的设计，长虹玻璃不投影具有私密性，又增加开阔度和采光，打破原有格局带来的压抑感。

餐厅的位置同时也是过道，其软装搭配出众，而且丝毫没有影响空间的通透感。餐桌用了大理石的材质，以弧形边角为主，既增加了美感又能防止磕碰。丝绒材质的餐椅让梦幻的空间又多出一丝精致感。

110

融入画中的吊灯

墙上几何图形的挂画选用粉蓝色突出了设计的主要配色，吊灯也是半圆形和圆锥形搭配，设计巧妙新颖，层次分明，在比较正的角度吊灯仿佛融入了挂画中，让挂画有了新的画面形式。

139

客厅

客厅空间经过改造打破了狭长局促的格局变身阳光房。沙发背景墙和电视背景墙的设计都做到了极简。粉红色的墙面和窗帘搭配蓝色拼接的沙发再次强化了这间房子的设计主题，粉红色和蓝色也是女主人最爱的颜色。细腿沙发和茶几让空间通透轻盈，整片空间非常温馨纯粹。

112

111

抱枕和挂画的联系

这个空间每个细节都是被用心打造出来的，比如几何形状的抱枕看似随意摆放在沙发上，其实和墙上粉蓝搭配的几何形挂画是统一的风格。处于不同位置却相互联系，使得空间整体性更强。

厨房

厨房的吊柜做成了黑色，为了让空间色彩层次更加丰富。长虹玻璃滑门后就是生活阳台，用来洗衣、晾衣等。

外阳台封闭做飘窗榻榻米

客厅此处本来是一个阳台，经过改造后变身成为大飘窗结合榻榻米的形式，平时在这里可以喝茶、读书、工作、看风景。因为空间足够大，拉上客厅与飘窗之间的窗帘，这里就形成一个独立的小房间，可以临时休息或者当作客房招待亲朋好友留宿。

卧室

每个少女都想要拥有一张属于自己的梳妆台。配套的粉色单人沙发线条流畅，材质细腻。梳妆台上放置的鲜花日日盛开，抽屉里可以放上喜欢的化妆品，台面清理干净就可以变身成一张小书桌，满足夜晚临时工作、读书的需求。

"悬浮"在空中的床

床体用了多层实木板打底，背景墙也是木板直接上墙与床连为一体。提前留好灯槽，然后在床下和墙板四周都安装了隐藏灯带，当灯光都打开的时候，整张床仿佛悬浮在空中，让人仿佛置身于童话世界。

打造少女感十足的卧室

想要让少女粉好看而不俗气，就要在软装配色上下功夫。卧室没有使用大面积的粉色，而是在床品上搭配了粉蓝调，墙面的灰调清新自然，让少女感十足的粉色被罩显得高级了很多。墙上的挂画也用了非常浅的柔粉色，舒适又甜蜜。

卫生间

115

植物阳台打通两个空间

卫生间外有一个很小的阳台同时延伸到了次卧的空间，于是设计师再次放置大株绿植，做成一个小小的景观区。卫生间的淋浴区用了玻璃门隔离，让这个空间多了很多情调。

十五、150m² 中西合璧的家，可以边泡澡边数星星

家有烟火与诗歌，飘向天空和远方。

设计说明：

喜欢诗歌与旅行的女主人是北大才女，有了两个宝宝后深感居住的地方不够宽松。为了改善环境让孩子更好成长，她买下了一个顶层带坡屋顶的LOFT，希望能实现坐在床边看书、躺在床上数星星的梦想，孩子并没有限制住她对生活品质的追求。新买的150m²房子的原格局是3室2厅2卫，最终被改造成了7室2厅3卫，老人和孩子住在一层更加安全，男女主人的卧室在二层，同时布置了书房、衣帽间和儿童活动室。因为是三代人一起住，所以装修风格采用了中西合璧的方式，让每个家庭成员都很舒服。

原始结构图

一层原始平面图

二层原始平面图

平面设计图

一层平面图

二层平面图

客厅

美式 + 中式混搭个性空间

蓝绿色的美式沙发搭配中式木质书架毫无违和感，古典的黑色茶几是美式的造型，融合得非常巧妙，大气中带着一丝简约。

116

蓝色花纹的地毯提升了空间的亮度，改善了深木色地板的暗沉。白色背景避免了深色家具带来的压抑感。

117

国风吊灯提升空间精致感

经过改良的古典吊灯外部加上了木条外框，非常精美，灯上的国画散发着浓浓的中国风，开灯后更是美轮美奂。

118

没有电视的客厅

整个客厅任何角落都没有电视机的影子，男女主人都出身书香门第，为了培养孩子阅读的习惯，直接将放置电视机的地方摆上一排书架，营造一种安静的氛围。

119

枯树枝 + 水墨画丰富空间

抽象的水墨画搭配捡来的枯枝非常有意境，这处角落自成一景，丰富了白墙背景。

120

白色石子做桌面

阳台空间被打造成一处小茶室。三角形的桌腿上是用白色石子为底做的桌面，上面放置了一盆绿植，瞬间变得自然又艺术。

餐厨区

餐厨一体化的设计大大节省了空间。厨房位置极佳加上大功率抽油烟机根本不用担心油烟问题；皮质座椅搭配深木色餐桌更有质感。厨房利用墙面安装收纳杆来挂置常用的铲子和漏勺等工具，使得空间分配更为合理。

老人房放置了很多古典的家具：床尾的斗柜、床头柜和木质的床铺。床头的台灯用了古青花瓷的样式，房间的吊灯是美式风格，但搭配在一起却毫无违和感。

149

女儿房

女儿房用了很多艳丽的色彩进行搭配，符合孩子现阶段所需，明亮的色彩更能激发孩子的想象力，书架上放置了很多粉嫩的收纳盒，红白条纹的窗帘是小公主的最爱。

121

用衣服做挂画

女儿房的儿童床可以在沙发和双人床之间随意切换。最妙的是，墙上的挂画都是女儿小时候的衣服做成的装饰画，非常有纪念意义。

楼梯间

楼梯在正对厨房的位置，将双开门冰箱放置在此很好地利用了空间。剩余部分做成收纳柜，做收纳不能放过任何边边角角。楼梯边都用玻璃封死，避免孩子意外摔落。

儿子房

儿子房做了木屋形状的上下铺，好像每天都睡在森林的小木屋里，可以很好地满足孩子对童话世界的向往。

二层阁楼

二层阁楼的主卧空间由男女主人居住，融合现代与古典风的卧室非常别致，孔雀蓝吊灯和蓝色窗帘相呼应，女主人闲来弹弹古筝陶冶情操，也能提升自身气质。

阁楼上的读书室光线充足，皮质的座椅非常舒适，大量的书柜让嗜书如命的一家人可以尽情享受阅读时光。

122 **多功能阁楼空间**

阁楼上的活动室主要是给两个孩子准备的。黑黄色的箱子用来做玩具分类，小小的工作台可以用来画画写字，墙角的多层置物架可以放置喜欢的童书和杂物，黄色的沙发活跃了空间，休息的时候坐在上面非常舒服。

123

浴缸 + 天窗打造浪漫泡澡时光

为了实现女主人一边泡澡一边看星星的梦
想，经过艰难的施工过程，最终使浴缸的
位置正对天窗。夜晚繁星满天的时候泡澡，
非常浪漫。

124

儿童主题卫生间

一楼卫生间是专门为孩子们打造的。儿童
主题的装饰画灵动有趣，粉色调非常温暖，
马桶旁边的置物架很好地利用了垂直空间
做收纳，旺盛的绿植搭配粉色的儿童画起
到了活跃空间的作用。